專業凝膠美甲設計
Professional Gel Nail Design

陳美均、許妙琪　著

全華圖書股份有限公司

推 薦 序

　　美均老師是美容界資深教師，作育英才多年，在學校執行教學任務期間仍不斷進修，學習新事物，此外也一直關注新的技術發展。《專業凝膠美甲設計》是美均老師將教學與經驗融合，精心製作的一本美甲的書籍，內容除了指甲的相關知識介紹外，主要著重在凝膠美甲相關技術和知識，其中包含凝膠美甲沙龍、凝膠保養、凝膠美甲設計、凝膠延甲技法、凝膠美甲修補與卸甲、凝膠美甲變化和作品欣賞。不但可以作為教學使用，亦可提供美甲相關從業人員或對美甲有興趣者用以自修，提升個人美甲技術和概念，特此向讀者鄭重推薦。

華夏科技大學化妝品應用系　主任

陳哲鑫博士　謹識
2015 年 2 月

推 薦 序

　　臺灣美甲產業自興起至今，從簡單的指甲彩繪演變至類藝術的創作，人工指甲的延長除了水晶指甲外，凝膠指甲儼然成為市場新寵，不僅在國際間蔚為風潮，甚至已成為美甲市場的主流。因此，學習如何做好凝膠指甲，是進入美甲業基本必須具備的技能。

　　許妙琪老師在業界十餘年，致力於美甲產業的推廣，在各大專院校深耕，培育許多優秀的人才。《專業凝膠美甲設計》一書不僅介紹凝膠指甲相關知識，亦收錄了凝膠指甲的保養護理、美甲設計、延甲技法、美甲修整、美甲變化和作品欣賞等內容，相信藉由本書的出版，能引導更多有志從事這個行業的新血加入，讓美甲業成為台灣最璀璨耀眼的行業。

中華民國指甲彩繪睫毛產業工會全國聯合會　理事長

紀皖珍 謹識

陳　序

　　美甲沙龍在歐、美、日等先進國家，如雨後春筍般紛紛設立，在國內的普遍性也隨著國民所得增加及美容時尚的風潮，市場上更呈現美化手足無限的商機。個人的自我形象因應時代流行不斷的改變，擁有凝膠美甲技術，可增添自身的魅力與氣質，在整體造型上具有畫龍點睛的效果，也可創造新時尚之美學經濟。

　　「教育是我的最愛；寫作是我的理想」，由於多年從事美容教育工作，對設計的知識累積，為達到美甲師應具備之技能為目標，特撰寫《專業凝膠美甲設計》一書。本書精心編寫策劃分為：凝膠沙龍、美甲設計、保養護理、延甲技法、美甲變化等單元。為期望讀者明瞭理解凝膠技法，增進學習效果，內容兼具理論與實務，結合實地拍攝，全書各單元內容依照步驟詳盡解析，並羅列相關用具、用品，協助有志從事美甲工作者，具備專業級美甲沙龍之相關技能。

　　感謝全華圖書的專業拍攝技巧與美編設計，兒梵絲公司所提供美甲設備，使本書能如期完成。教材付梓恐有疏漏，尚祈各界先進不吝指正，使其更臻完善。

　　祝　平安喜樂

華夏科技大學化妝品應用系　專任助理教授

陳美均 謹識

許 序

從事美甲業也有 14 年了，從 2001 年進入美甲藝術的領域，初期跌跌撞撞的摸索，進而四處進修研究，至今對美甲藝術的喜愛絲毫不減！一路從百貨行銷進展到開沙龍店面，再成立指甲彩繪睫毛業產業工會，由服務者一步步成為教學技術分享者，美甲藝術的教學成為我最熱愛的工作。從事教學過程中，看著學生從一無所知，到能夠運用美甲技術自由創作，藉由分享個人所學，引領更多人進入美甲產業，讓我感到十分開心。

近年在各大美甲沙龍，凝膠美甲的服務有日益熱門的趨勢，本書收錄了手足基礎知識、凝膠產品介紹、凝膠技術全操作等內容，希望藉由本書的出版，能讓讀者對於凝膠美甲有更多的了解！

本書的出版我要感謝陳美均老師，模特兒成湘怡、潘芃茸、林俐君的協助，更要感謝購買本書的您。

台北市指甲彩繪睫毛業產業工會　理事長

許妙琪 謹識

作者簡介

 學歷

國立台灣師範大學家政教育研究所碩士

 現職

華夏科技大學化妝品應用系專任助理教授

 經歷

陳美均

台南女子技術學院美容造型設計科專任講師

萬能科技大學化妝品應用與管理系專任講師

資生堂美容指導員

亞洲色彩公司彩繪造型顧問

國家技術士技能檢定術科測試監評人員

全國家事類科技藝競賽評審委員

中華民國國際技能競賽委員

英國美容工會國際認證輔導師

亞洲髮型化妝美甲大賽評審

新北市勞工技藝競賽評審長

SPC 第十屆日本區全國大賽國際評審

中華民國全國盃髮型美容競技評審長

中華盃全國美容美髮美儀技術競賽評審長

鳳凰盃時尚造型競賽評審長

國際盃美容美髮大賽評審長

證照

美容丙級證照

美容乙級證照

國際技能競賽中華民國技能競賽委員

美容職類技術士技能檢定術科測試監評人員

英國二級美甲國際證照

TNA 二級美甲證照

 研習

英國倫敦時尚學院

日本山野短期大學

法國 mack up 彩妝學校

日本山野短期大學研習

日本京都理容美容專修學校

作者簡介

 學歷

私立德明商業專科學校企業管理科

桃園縣私立啓英高級工業家事職業學校美容科

 現職

兒梵絲美甲彩繪沙龍教育總監

許妙琪

 經歷

2014 年 中華民國指甲彩繪睫毛業產業工會理事長

2008 ～ 2014 年 TNA 國際盃美甲技能競賽評審

2011 ～ 2014 年 一級美甲師檢定評審

2009 ～ 2014 年 二級美甲師檢定評審

2008 ～ 2014 年 行政院勞工委員會職業訓練局 提昇勞工自主學習計畫
          美甲專業技術講師

2013 年 中華民國指甲彩繪美容職業工會聯合會理事

2009 年 韓國首爾國際美甲競賽評審

2008 年 Nails 盃第四屆美甲菁英賽評審

中華美甲師技術認證協會第一屆理事長

中華民國指甲彩繪美容職業工會聯合會命題委員會執行委員

 證照

女子美髮丙級

一級美甲師檢定

二級美睫師檢定

研習

英法美容學校國際文憑全科班

足底反射療法研習

中華民國指甲彩繪美容職業工會聯合會模範勞工

TNA 美甲講師班第二期結業

TTQS 教育訓練課程結業合格

 教學聘任

文化大學海外青年技術訓練班第三學期教師

黎明技術學院推廣教育學分班兼任講師及專技人員

北台灣技術學院產業人才投資方案課程講師

台北城市科技大學兼任講師級專業技術人員

黎明技術學院美甲藝術創意提昇專題製作研習講師

目　錄

凝膠美甲沙龍

指甲的認識

凝膠保養護理

凝膠美甲設計

凝膠延長技法

6 凝膠美甲修整

7 凝膠美甲變化

8 作品欣賞

Chapter 1
凝膠美甲沙龍

- 何謂凝膠美甲
- 什麼人適合做凝膠美甲
- 凝膠美甲專業英文與產品介紹
- 凝膠美甲服務項目與收費標準

何謂凝膠美甲

　　凝膠指甲是一種樹脂凝膠，主成分為樹脂加入光敏引發劑，需要 UV 燈的照射才能硬化，製作時不需太刮粗甲面，因此對甲面傷害程度較輕，無刺激性之臭味，質感具彈性且不易斷裂，其持久度則依環境及生活方式有所不同，具透明性與光澤度的優點。在目前的美甲市場，凝膠美甲成本較高，操作顧客時間約需 1 至 3 小時完成，是現在最熱門的美甲技術。

適合做凝膠美甲者

　　凝膠美甲對指甲的傷害性較低，與水晶指甲兩相比較，凝膠不易有刺鼻的溶劑臭味，但並非所有人都合適，當指甲有病變時，也應避免從事美甲行為。以下為適合做凝膠美甲者：

1. **指甲留不長或指甲太軟**：凝膠美甲不只美化，亦具有健甲及增厚功能。
2. **有咬指甲習慣**：通常有咬指甲癖好的人指甲不易留長，透過 3 ～ 5 個月的凝膠美甲療程，就能改善咬指甲行為，而真甲在凝膠美甲的保護下，也能健康的生長。
3. **上指甲油容易掉色**：凝膠比一般指甲油，更持久不易掉落。
4. **喜歡水晶指甲，卸甲後變得較軟**：凝膠美甲具有健甲、保護指甲功能。
5. **不喜歡有刺鼻臭味**：凝膠美甲無刺鼻臭味，可有更佳的美甲享受。
6. **容易流手汗**：手汗產生後，累積的水氣會積存在手部與甲面，容易造成甲片與真甲面的分離，而凝膠美甲的附著性較水晶指甲高，可維持較久時間。
7. **油脂代謝分泌很旺盛**：過多的油脂也容易造成甲片與真甲面的分離，而凝膠美甲的高附著性，可維持較久時間。
8. **需經常做家事，指甲不易維持**：凝膠美甲能增加真甲的硬度，同時又有一定的彈性，做家事時可以維持較久時間，但需注意，最好還是戴著手套做家事，其維持度會較佳。

凝膠美甲專業英文與產品介紹

名稱	英文	功用
消毒噴劑	Disinfectants	含有酒精成分，並添加香味的產品，亦可用市售的酒精。
銼條	Files	對真甲、甲片、凝膠打磨的工具，可作為修邊、甲面磨粗、凝膠磨除使用，數字愈大顆粒愈細。
磨甲棉	Sponge Files	將甲面紋路磨細用，數字愈大顆粒愈細。
磨甲機	Manicure Machine	磨除甲面角質與指緣硬皮。
拋光條	Shining Block	將指甲表面拋磨光磨亮。
透明溶劑杯	Glass Dish	用來盛裝凝膠去漬液，方便筆刷清潔。
璀璨亮片	Nail Sequins	抗溶劑亮片材質，可添加在凝膠、水晶粉中使用。
凝膠去漬液	Gel Cleaner	亦稱「凝膠清潔液」，可使用無塵絮的六角海綿沾取，於照燈後，清除殘留於指甲表面的殘膠。
凝膠筆	Gel Brush	通常為尼龍毛＋貂毛的混合材質，使用後建議適當清潔。刷頭種類很多，如：平筆、橢圓筆、細線筆、斜口筆等。
紫外線 UV 燈	UV Lamp	能讓凝膠固化成膜的燈具，因用途及適膠性的不同也有許多選擇，使用時，取適量凝膠均勻塗於甲面上並修平表面後，即可將手放入燈具內，時間約 30 秒～ 3 分鐘不等。
LED 燈	LED Lamp	功用同紫外線 UV 燈，但硬化時間較 UV 燈快速。
凝膠調和棒	mixing spatulas	調色使用，使 2 色以上的凝膠充分混合均勻，大多是金屬製品。
紙模	Nail Forms	用來做指甲延伸時的基架。凝膠為易流動材質，在操作凝膠延甲時，紙模必須要修剪精準，所以做法式凝膠延甲時，建議使用透明紙模，使上下聚光性更強，能明顯辨識白色延甲邊緣。
甲片	Nail Tips	屬於人造甲，賦予指甲不同的長度與形狀。

名稱	英文	功用
泡手盆	Manicure Bowl	手部清潔或護理時用,可將藥劑放入泡手盆中,再將雙手置入盆中。
六角海綿	Hexagonal Sponge	沾取凝膠去漬液用,應選擇無塵絮材質。
餘粉刷	Manicure Brush	清除甲面粉塵用。
甘皮剪	Cuticle Nipper	修剪甲面邊緣的硬皮使用。
指甲剪	Clipper	修剪指甲長度使用。
鋼製推刀	Metal Cuticle Pusher	推整指緣的角質及甘皮用,並可清理指緣和指甲縫隙及指尖。
防潮平衡劑	pH Bond	去除甲面的水份油脂,防止凝膠附著不完全,或是內部發霉之情形,人造甲的前置處理使用。
接合固定劑	Nail Primer	接合真甲與人造甲,因臺灣氣候潮溼,建議可使用。
無酸接合劑	Acid Free Nail Primer	接合真甲與凝膠,無酸配方不會使甲面變薄。
星空膠	Star Glue	星空貼紙專用膠。
指緣軟化劑	Cuticle Remover	軟化甘皮,以利後續的甘皮去除作業。
指緣油	Cuticle Oil	提供指緣皮膚水份與油脂,達到軟化與消除粗硬之角質。
各色凝膠	Color Gel	各家廠牌皆推出繪畫式凝膠,包裝通常有瓶裝和罐裝,挑選重點在於色彩的飽和度。
底層凝膠	Base Gel	使凝膠產品與指甲的抓合力更好之基礎凝膠。
建構凝膠	Build Gel	作為延甲及增加厚度用的基礎凝膠,亦可作為鑽飾包覆的基礎,照燈後可修磨成形。
上層凝膠	Top Gel	具有保護功能,並賦予指甲光澤,亮度可維持兩週左右,依品牌不同照燈時間約為 30 秒～3 分鐘,分為可卸和不可卸兩種。 其中免清膠上層(Wipeledd Top)系列,具有照燈後不需清除殘膠的特性,受到許多美甲師歡迎。
甲油式凝膠	Gel Polish	結合指甲油易塗刷的特性,亮澤更明顯持久,但無延甲或增加指甲厚度的效果,各家品牌約有 80～150 種色彩可供選擇,照燈時間依品牌顏色而不同。

凝膠美甲服務項目與收費標準

 凝膠美甲 Gel Nail

真甲加強固化護理				
指甲油膠式				
甲油膠透明強化指甲		900 元		1000 元
甲油膠單色光療指甲	手	1000 元	足	1300 元
甲油膠雙璀璨光療指甲	部	1300 元	部	1500 元
甲油膠法式光療指甲		1500 元		1600 元
可卸凝膠指甲				
可卸透明強化指甲		1200 元		1800 元
可卸單色光療指甲		1500 元		2000 元
可卸雙璀璨光療指甲	手	1800 元	足	2200 元
可卸法式彩膠光療指甲	部	2000 元	部	2500 元
可卸法式短貼片光療		1800 元		2300 元
可卸式光療卸甲		600 元		900 元
人造甲強化延長				
透明強化指甲		2500 元		2800 元
單色光療指甲		2700 元		3000 元
雙璀璨光療指甲	手	2800 元	足	3100 元
法式貼鑽光療指甲	部	3200 元	部	3300 元
法式長貼片光療		2800 元		3000 元
光療卸甲		1000 元		1300 元

彩膠每增加 1 色加收 100 元，彩繪貼紙設計加收 299 元

美甲客戶資料卡

美甲客戶資料卡

客戶編號：

姓　　　名		生　　　日		血　　　型	
婚　　　姻	□未婚　　　□已婚	職　　　業		介　紹　人	
聯 絡 電 話	（住家）　　　　　　　（公司）　　　　　分機　　（手機）				
通 訊 地 址			e-mail:		

指 甲 種 類	□一般　　□較軟　　□較硬	真甲狀況諮詢		乾燥、龜裂、脫皮
				厚繭
				雞眼
				糜甲
				富貴手
				指甲紋路凹凸不平
				指甲色素沉澱
				嵌甲
				灰指甲
注意事項				

日期	消 費 項 目	數 量	消 費 金 額	小計 / 會員餘額	服 務 人 員	服　　務　　紀　　要

Chapter 2

指甲的認識

- 指甲的構造
- 指甲的形狀

指甲的構造

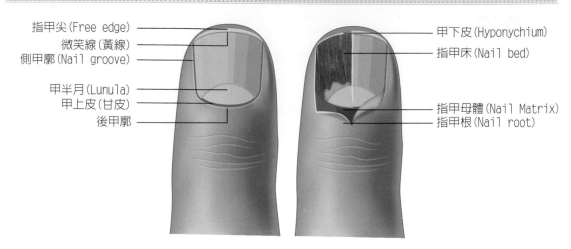

指甲尖(Free edge)
微笑線(黃線)
側甲廓(Nail groove)
甲半月(Lunula)
甲上皮(甘皮)
後甲廓
甲下皮(Hyponychium)
指甲床(Nail bed)
指甲母體(Nail Matrix)
指甲根(Nail root)

指甲的構造

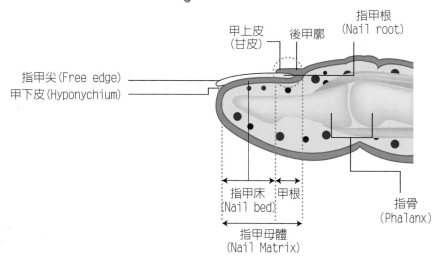

甲上皮(甘皮)
後甲廓
指甲根(Nail root)
指甲尖(Free edge)
甲下皮(Hyponychium)
指甲床(Nail bed)
甲根
指甲母體(Nail Matrix)
指骨(Phalanx)

指甲的剖面圖

指甲母體	甲根部延伸至指甲床之組織,含有血液、神經、淋巴液,能供應指甲的營養,使指甲能不斷的角質化。
指甲根	指甲生長的源頭,由表皮下的指甲製造而成。
指甲尖	甲面自甲床分離的尖端處。
指甲床	指甲本體依附之皮膚部分,有血管與神經。
甲面	我們一般認知的「指甲」,由甲根的指甲母體所生成,由鱗狀角質重疊生長。

　　指甲的主要成份是纖維體角質蛋白所形成之角質素，平均一日長 0.1mm，一個月約 3mm，通常女性的指甲長的比男性快、夏季生長的較冬季快；實際生長速度則依個人體質而略有不同。

　　指甲的營養是透過甲床延伸至指甲根部的組織，即指甲母體，來供應指甲所需的營養，使指甲不斷的角質化。指甲母體的部份有微血管、神經和淋巴循環，身體健康狀況不佳時，也可能會反應在指甲上；比如末梢血液循環不良的人，指甲可能呈現紫色；指甲偏黃除了長期抽煙、染髮藥劑影響外，也可能是淋巴循環不佳的徵兆。

指甲的形狀

　　指甲的形狀有許多種，在為顧客配戴甲片時，需依指甲的形狀與大小，為顧客挑選尺寸最符合的甲片，再進行修磨動作，使甲片能完美符合顧客的指甲。

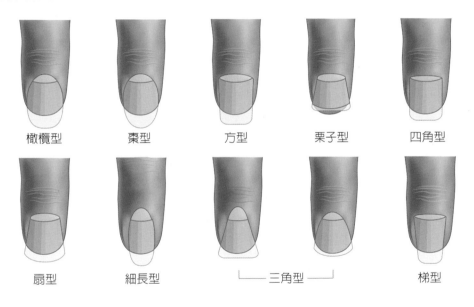

| 橄欖型 | 棗型 | 方型 | 栗子型 | 四角型 |

| 扇型 | 細長型 | ──── 三角型 ──── | 梯型 |

凹面型　　　　橄欖型
（上飛型）　　（鷹爪型）

🦋 指甲的形狀

手部保養

材料工具

1. 消毒噴劑
2. 去光水
3. 指緣軟化劑
4. 泡水盆
5. 磨甲機
6. 甘皮剪
7. 鋼製推刀
8. 指緣油
9. 280° 磨甲棉
10. 拋光條
11. 180° 銼條
12. 棉花

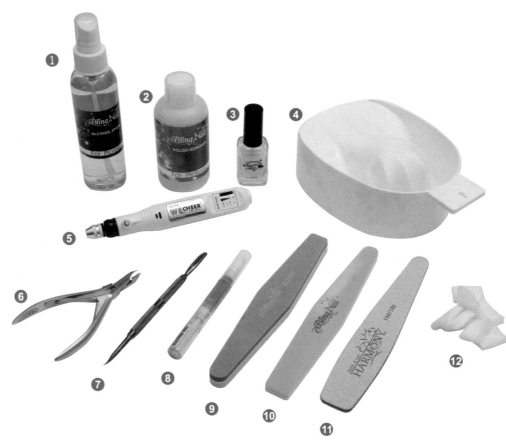

1 以消毒噴劑消毒手部。

4 塗上指緣軟化劑。

2 將棉花修剪成小片，沾取去光水拭淨甲面。

5 將手置入泡水盆，浸泡 3-5 分鐘後，擦乾手部水份。

3 取 180° 銼條，與甲面成 45° 角做修型。

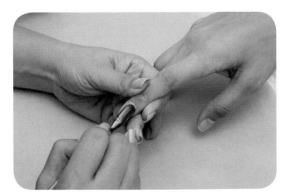

6 利用鋼製推刀去除甲面與指緣的角質，再用濕紙巾擦拭乾淨。

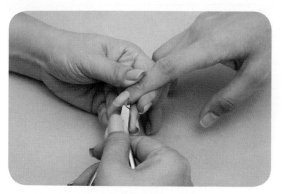

7 利用甘皮剪去除指緣硬皮（甘皮），注意握法需正確。

10 取拋光條，做甲面拋光。

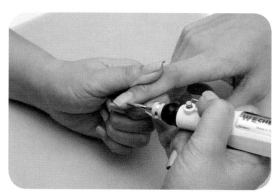

8 使用磨甲機修甘皮，再用濕紙巾擦拭乾淨。

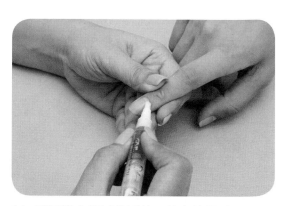

11 用濕紙巾擦拭乾淨後，擦上指緣油。

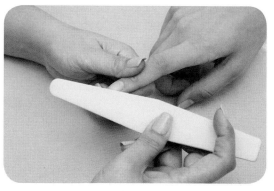

9 取 280º 磨甲棉拋磨甲面。

12 完成手部保養。

足部保養

材料工具

1. 餘粉刷
2. 消毒噴劑
3. 凝膠去漬液
4. 色膠
5. LED 燈
6. 底膠
7. 不可卸上層凝膠

8. 凝膠固定劑
9. 指緣軟化劑
10. 平衡劑
11. 指緣油
12. 餘粉刷
13. 甘皮剪
14. 鋼製推刀

15. 100° 磨甲棉
16. 180 銼條
17. 240 銼條
18. 凝膠筆
19. 六角海綿
20. 色盤
21. 分趾棉

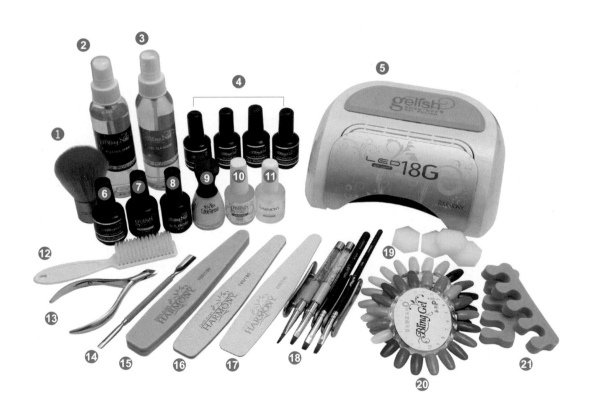

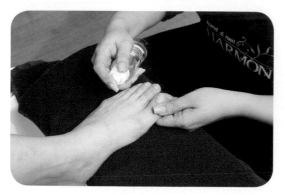

1　使用消毒噴劑消毒。

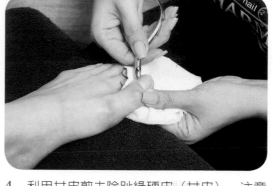

4　利用甘皮剪去除趾緣硬皮（甘皮），注意
　　握法需正確。

2　使用 180° 銼條做修型。

5　使用濕紙巾將甲面擦拭乾淨。

3　刷上指緣軟化劑，利用鋼製推刀去除甲面
　　與趾緣的角質。

6　用 180° 的磨甲棉磨甲面。

7　利用餘粉刷刷去甲面餘粉。

10　刷上凝膠固定劑。

8　使用濕紙巾將甲面擦拭乾淨。

11　刷上底膠。

9　刷上平衡劑，去除水份油脂。

12　照燈 30 秒。

13 使用乾淨的凝膠筆清除殘膠。

16 以六角海棉沾取凝膠去漬液,清除甲面殘膠。

14 於甲面刷上紅色凝膠後,照燈 30 秒,接著再刷上一層紅色凝膠,再照 30 秒。

17 擦上指緣油。

15 刷上可卸上層凝膠,照燈 1 分鐘。

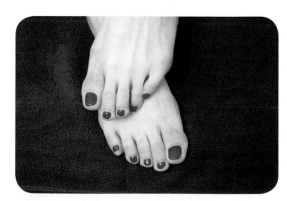

18 足部保養與上色完成。

真甲加固

材料
工具

1. 消毒噴劑
2. 凝膠去漬液
3. 指緣軟化劑
4. 建構膠
5. 防潮劑
6. 固定劑
7. 可卸上層凝膠

8. 底膠
9. LED 燈
10. 餘粉刷
11. 甘皮剪
12. 鋼製推刀
13. 指緣油
14. 240° 銼條

15. 150° 磨甲棉
16. 220° 磨甲棉
17. 拋光條
18. 150° 銼條
19. 凝膠筆
20. 六角海綿

1　以消毒噴劑消毒手部。

4　利用鋼製推刀去除甲面與指緣角質。

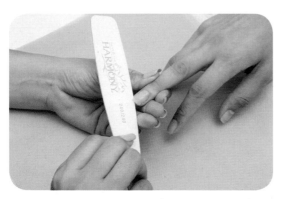

2　使用 240º 銼條修型。

5　使用 150º 磨甲棉磨粗甲面。

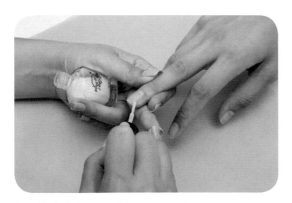

3　塗上指緣軟化劑。

6　使用餘粉刷刷去餘粉。

7 塗上防潮劑去除水份與油脂。

10 照燈 30 秒。

8 塗上固定劑。

11 以凝膠筆沾取建構膠，包覆指甲前端，照燈 30 秒。

9 刷上底膠。

12 刷上可卸上層凝膠，照燈 1 分鐘。

13 以六角海綿沾取凝膠去漬液，清除殘膠。

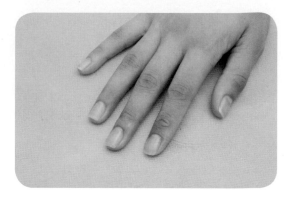

15 真甲加固完成。

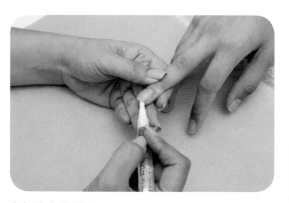

14 塗上指緣油。

Point

上層凝膠具有保護作用，可增加亮度，分為：

1. 可卸上層凝膠──常用於（真甲）延甲，方便卸除。

2. 不可卸上層凝膠──常用於（人造甲）延甲，亮度較持久，卸甲時
   可先剪短或將厚度磨薄。

甲油膠建甲

材料工具

1. 消毒噴劑
2. 凝膠去漬液
3. 指緣軟化劑
4. 防潮劑
5. 固定劑
6. 底膠
7. 可卸上層凝膠

8. 甲油膠
9. LED 燈
10. 餘粉刷
11. 甘皮剪
12. 鋼製推刀
13. 指緣油
14. 240° 銼條

15. 150° 磨甲棉
16. 280° 磨甲棉
17. 銼條
18. 180° 銼條
19. 凝膠筆
20. 六角海綿

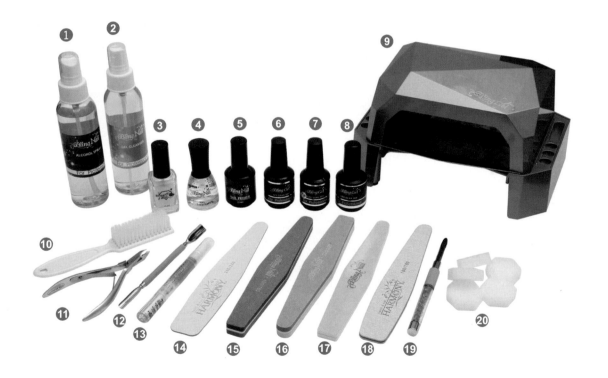

Point

甲油膠建甲與真甲加固相似，差別在於前者是使用具健甲功能的甲油膠，有多種顏色可選擇；而後者是使用凝膠讓指甲加厚，硬度較佳有保護作用，維持時間也較久。

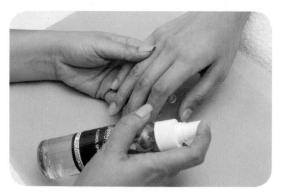

1 以消毒噴劑消毒手部。

4 利用鋼製推刀去除甲面與指緣角質。

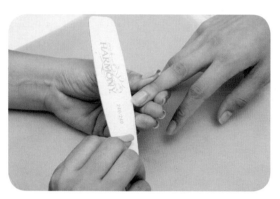

2 使用 240º 銼條修型。

5 使用 150º 磨甲棉磨粗甲面。

3 塗上指緣軟化劑。

6 使用餘粉刷刷去餘粉。

7 塗上防潮劑去除水份與油脂。

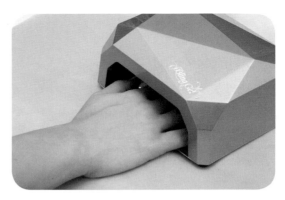

10 照燈 30 秒。

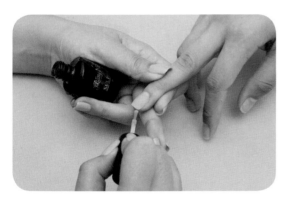

8 塗上固定劑。

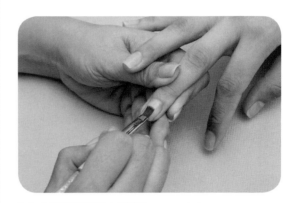

11 以凝膠筆擦去殘膠。

9 刷上底膠，需包覆指甲前端。

12 刷上甲油膠，照燈 30 秒，再重複一次。

13 刷上可卸上層凝膠，照燈 1 分鐘。

15 塗上指緣油。

14 以六角海綿沾取凝膠去漬液，清除殘膠。

16 甲油膠建甲完成。

為什麼要磨粗甲面？這是為了讓凝膠於甲面能更好的附著所以通常會先用刻度較小（粒子較大）的銼條或磨甲棉將甲面磨粗磨出刻痕，再使用刻度較大（粒子較細）的銼條或磨甲棉，將甲面的刻痕磨的更細緻。一般常使用的刻度有：

80   100   150   180   220   240

（最粗） ➝ （最適合真甲） ➝ （細）

Chapter 4

凝膠美甲設計

- ◎ 色彩學概要
- ◎ 凝膠指甲彩度的調和
- ◎ 彩色凝膠的選擇與上色方法
- ◎ 凝膠美甲構圖設計

色彩學概要

色彩的分類

　　色彩學中將顏色分為有彩色與無彩色，一般的彩色都是有彩色，無彩色為黑、白與各種深淺的灰色。部分專家會將金色、銀色、螢光色等特殊色彩歸類為獨立色。

無彩色				
	白	淺灰	暗灰	黑
有彩色				
	純色	明色	暗色	濁色

色彩的三屬性

　　色彩有三個屬性，也就是構成色彩的三個要素，即色相、明度與彩度。色相代表色彩的名稱，明度代表色彩的明暗度，彩度代表色彩的純度。

色相（Hue）

　　色相就像是每一個人都有屬於自己的名字一樣，用來表示色彩相貌的差異性，像是光譜上的紅、橙、黃、綠、藍、紫等 6 個基本色相，便是用來區分色彩的名稱。一般為了方便研究將色相做成色相環。

1. 伊登（Itten）

　　　　為初學者常用做配色練習的色相環，以紅、橙、黃、綠、藍、紫等六個基本色相為主構成的十二色相環，可將其中色相分為黃、藍、紅三大色系。

　　　　運用色料混合之特性，以色料三原色─紅（Red）、黃（Yellow）、藍（Blue）為基礎的第一次色，再兩兩混合出橘、紫、黃三個第二次色；接著將第一次色與第二次色混合而得橙、橘紅、紅紫、藍綠、黃綠等第三次色，即形成十二色色相環。

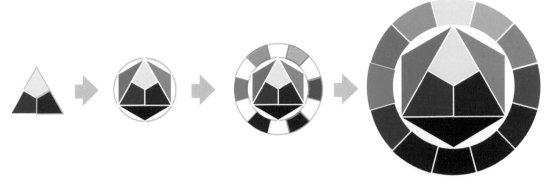

2. 曼塞爾（Munsell）

　　曼塞爾表色體系目前為國際通用的色彩體系，而且是最先經過美國光學學會修正檢驗正確的表色體系，紅（Red）、黃（Yellow）、綠（Green）、藍（Blue）、紫（Purple），再加上這五種色彩的補色─藍綠、藍紫、紅紫、黃紅、黃綠為 10 個基本色相，每個色相再細分為 10 等分，總共有 100 個色相。

註：在色相環的直徑上相對的兩個顏色為補色，顏料的互補色混合時會變成深灰色或深褐色。

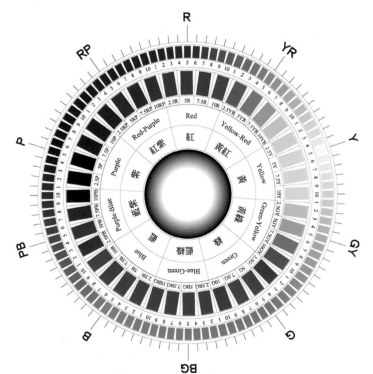

3. PCCS 實用配色體系

由日本色彩研究所制定，為日本通用之色彩體系，利用色調的概念來架構、組織色彩，其依據修正後的曼塞爾表色體系的標準組成，以色光三原色的紅（Orange Red）、綠（Green）、藍（Violet Blue）與色料三原色的洋紅（Magenta Red）、黃（Hanza Yellow）、天藍（Cyanine Blue）六色為基準，再加入中間色形成二十四色色相環。

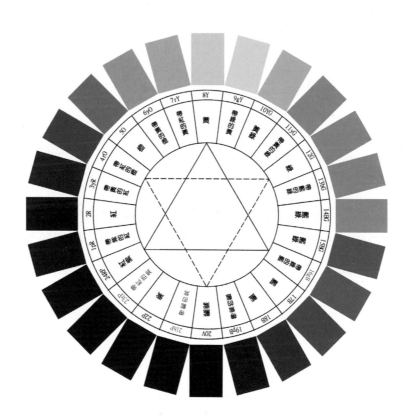

明度（Value）

明度是指色彩的明暗度或亮度，無彩色中明度最高為白色、最低為黑色；有彩色中明度最高為黃色、最低為紫色。就單一色彩而言，純色加入黑色明度會降低而成暗色，加入白色則成為明度高的明色。實用配色體系 PCCS 將明度分為九個階段，最高為白色、最低為黑色，中間依感覺均等分出 7 個階段。

白 9.5	淺灰 8.5	淺灰 7.5	中灰 6.5	中灰 5.5	中灰 46.5	暗灰 3.5	暗灰 2.4	黑 1.0
最高明度	高明度		稍亮	中明度	稍暗	低明度		最低明度

　　應用上，高明度與低明度的色彩搭配起來對比強烈，要注意面積比例分配。高明度與中明度，或高明度與低明度的 似明度配色，整體會受高明度或低明度顏色影響顯得較亮或較弱，中明度多是作為陪襯。同明度的搭配容易調和，但對比不強容易顯得無特色，在色相和彩度上可以加大變化增強視覺效果。

彩度（Chroma）

　　彩度是指顏色的純度和飽和度，當某個顏色不含任何黑、白、灰時彩度最高，我們稱為「純色」。高彩度的色彩，明度接近中明度的灰，加入愈多的其他色量，彩度愈低。PCCS 實用配色體系將彩度分為九個階段，1S 彩度最低，9S 為純色彩度最高；1S ～ 3S 為低彩度，色彩感覺較寧靜樸素；4S ～ 6S 為中彩度，色彩感覺較溫和淳厚；7S ～ 9S 為高彩度，色彩感覺較強烈刺激。

　　在配色應用上，曼塞爾認為大面積適合低彩度色彩，高彩度色彩宜面積小，較易取得均衡。

色調（Tone）

　　實用配色體系 PCCS 將無彩色明度分為五個色調，將有彩色分為 12 個色調，這 12 個色調分別給我們不同的印象與感覺，又可簡單歸納成華麗（v、s）與樸實（d、ltg、g）、明亮（p、lt、b、sf）與暗沉（dp、dk、dkg）兩組對比色調意象。

1. 鮮豔的（Vivid，色調記號 v）	7. 濁（沌）的（Dull，色調記號 d）
2. 明亮的（Bright，色調記號 b）	8. 暗的（Dark，色調記號 dk）
3. 強烈的（Strong，色調記號 s）	9. 淡（粉）的（Pale，色調記號 p）
4. 深的（Deep，色調記號 dp）	10. 淺灰的（Light grayish，色調記號 ltg）
5. 淺的（Light，色調記號 lt）	11. 灰的（Grayish，色調記號 g）
6. 柔的（Soft，色調記號 sf）	12. 暗灰的（Dark grayish ，色調記號 dkg）

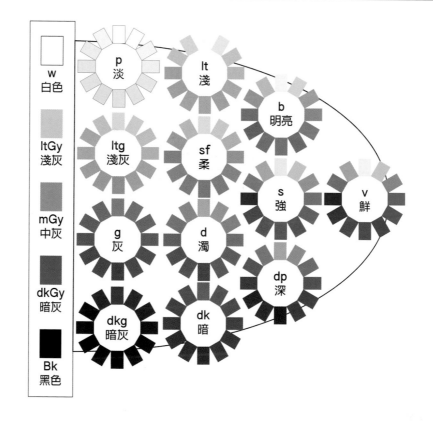

　　配色應用上，使用同一色調統一性強有整體感，可以設計對比色相來加大差異。色調圖上相鄰的色調為類似色調，配色兼具統一性與活潑度。色調圖上相隔一個色調以上為對比色調，配色效果醒目強烈。

凝膠指甲彩度的調和

　　在為顧客做配色時，應考慮整體畫面要製造的效果，依據顧客偏好、時間、地點、場合等因素來選擇。色彩的選擇應先決定主色彩，再決定連結的色彩，色彩必須具有調和的美感，使觀看的人能夠感到愉悅。

　　應用莫恩—史賓塞的配色調和論於 PCCS 二十四色相環，指定色相為同一色相的調和，間隔一個色相（30°～60°）的兩色相為類似色的調和，間隔七個色相（120°～180°）為對比色調和，其中通過直徑（180°）的色相為補色調和，其餘為較不易調和的曖昧色。

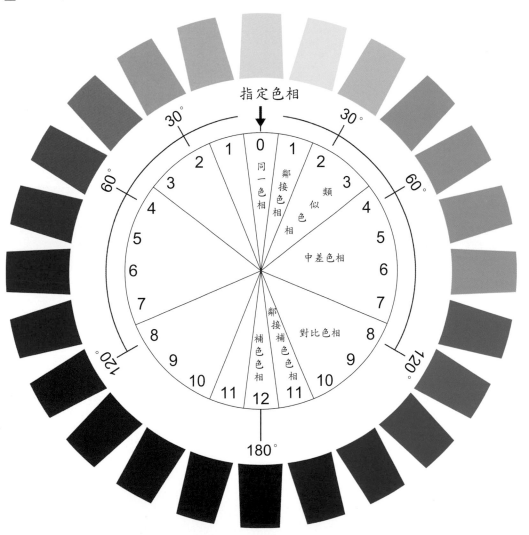

彩色凝膠的選擇與上色方法

彩色凝膠的選擇

市售彩色凝膠琳瑯滿目，選擇多元，選擇時要注意以下事項：

（一）依品質要求

1. 毛刷材質。

2. 長度適中。

3. 握柄符合人體工學。

4. 色彩飽和。

5. 產品易塗擦。

6. 卸除後顏色不易殘留。

（二）彩色凝膠色系與塗擦效果

1. 原色系—純色，不含亮片亮料。

2. 珠光色系—自然炫彩、提亮。

3. 果凍色系—自然透明的美感。

4. 亮片蔥色系— DIY 任意搭配點綴。

5. 變色甲油色系—變色效果，具趣味性。

6. 螢光色系—夜間效果佳。

凝膠上色法

一開始沾取的凝膠量最多，因此若由甲根開始塗，容易使凝膠沾粘到指甲邊緣，與手指肌膚，不易清潔，也較難畫出圓順弧形。

 各色系指甲油

為了能上色均勻，上色前可先在瓶口邊緣刮除刷子上多餘的凝膠。上色的順序是先刷指緣，再以中間、左邊、右邊的位置，由甲根往指甲尖的方向塗勻，最後再回到中間的位置由後往前塗。

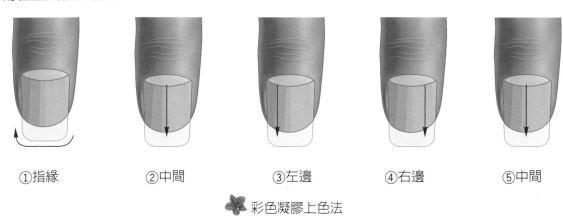

①指緣　　　　②中間　　　　③左邊　　　　④右邊　　　　⑤中間

🌸 彩色凝膠上色法

🌸 彩色凝膠的上色法

彩色凝膠調色法

彩色凝膠的調色有多種方式，美甲師會評估設計需要的顏色，以手邊所擁有的調色材料搭配使用，亦可以使用壓克力顏料彩繪，讓美甲設計更豐富多彩！

彩色凝膠調色的方法有：

1. 凝膠 + 凝膠：可以不同顏色的凝膠混和，或是加入明亮白、霧狀白的凝膠，調成較淡的顏色。

2. 凝膠 + 色料：可與專用色料做調和。

3. 凝膠 + 水晶粉：運用水晶指甲常用之水晶粉，可與凝膠調和做成半立體造型。

凝膠美甲構圖設計

中心

法式

後方

角落

對角

側邊

斜線

曲線

直線

全面

Chapter 5

凝膠延長技法

- 法式半甲延長
- 透明凝膠延甲
- 璀璨凝膠延甲
- 尖型凝膠延甲
- 法式凝膠延甲
- 星空夾心凝膠延甲

法式半甲延長

材料
工具

1. 凝膠去漬液
2. 指緣軟化劑
3. 甲片膠
4. 無酸接合劑
5. 不可卸上層凝膠
6. 消毒噴劑
7. LED 燈
8. 餘粉刷

9. 平衡劑
10. 底膠
11. 上層可卸凝膠
12. 指緣油
13. 建構膠
14. 長鑷子
15. 鋼製推刀
16. 甲片

17. 指甲刀
18. 220° 磨甲棉
19. 180° 磨甲棉
20. 150° 銼條
21. 180° 銼條
22. 凝膠筆

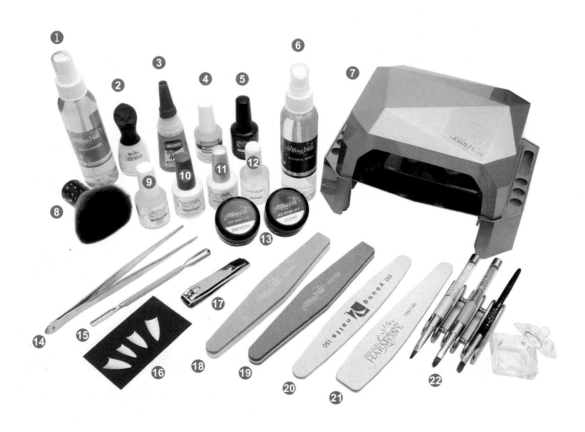

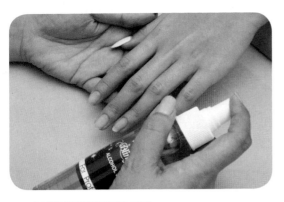

1 以消毒噴劑消毒手部。

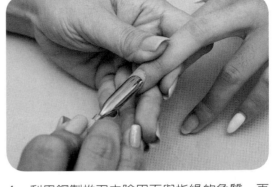

4 利用鋼製推刀去除甲面與指緣的角質,再以濕紙巾拭淨。

2 以 180°銼條修型。

5 以 180°銼條將甲面拋粗。

3 刷上軟化劑。

6 選擇適合甲面尺寸的甲片試貼,確認形狀是否需要修磨。

7　將甲片修型，滴入甲片膠。

10　用 180° 磨甲棉磨粗甲面。

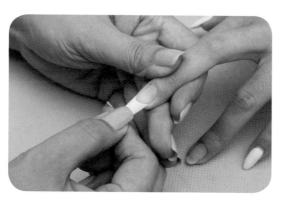

8　將半甲片黏合真甲。

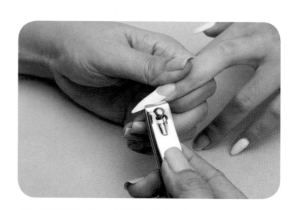

11　平剪將甲片前端修成尖型。

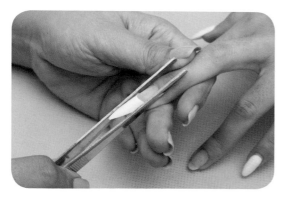

9　用長鑷子夾住以利黏合。

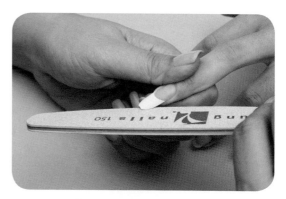

12　以 150° 銼條修型。

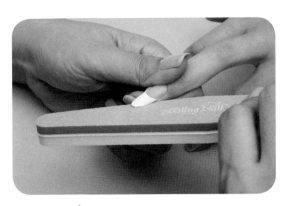

13 用 220°磨甲棉磨細甲面刻痕。

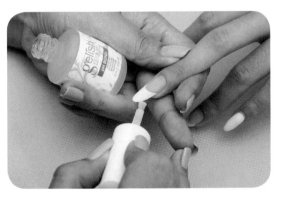

14 於真甲塗上平衡劑，去除水份與油脂。

15 於真甲塗上無酸接合劑，以利接合凝膠與真甲。

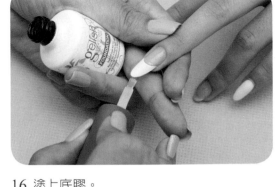

16 塗上底膠。

17 照燈 30 秒。

18 以凝膠筆取建構膠置於甲面 1/2 處為高點，可以將手指倒過來，使甲面弧度更平順，接著照燈 30 秒。

19 再塗一層建構膠，照燈 1 分鐘。

22 以餘粉刷清除甲面粉塵。

20 以六角海綿沾凝膠去漬液，去除殘膠。

23 刷上不可卸上層凝膠，照燈 1 分鐘。

21 以 150° 銼條修型，調整甲面弧度。

24 上指緣油。

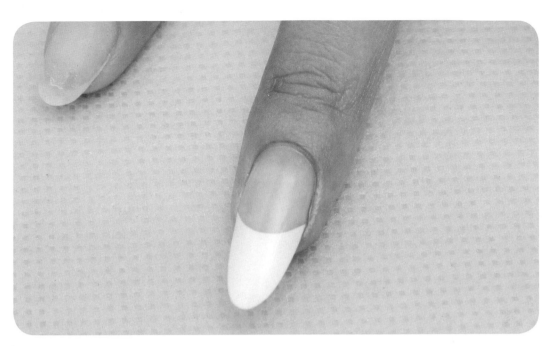

25　法式半甲延長完成。

甲片可以賦予指甲不同的長度與形狀，一般甲片的形狀有圓形、方形與尖型等，甲片的顏色如下圖由左至右分為透明、半透明和不透明（白色）三種，美甲師會依顧客設計需求，為顧客選擇甲片的顏色。

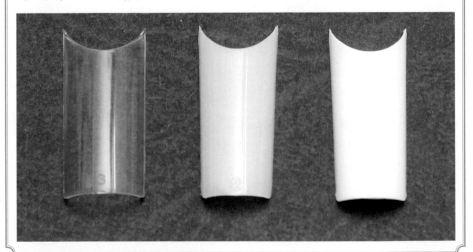

透明凝膠延甲

材料
工具

1. 消毒噴劑
2. 凝膠去漬液
3. 指緣軟化劑
4. 防潮劑
5. 固定劑
6. 底膠
7. 可卸上層凝膠
8. LED 燈

9. 不可卸上層凝膠
10. 建構膠
11. 餘粉刷
12. 甘皮剪
13. 鋼製推刀
14. 指緣油
15. 180° 磨甲棉
16. 150° 磨甲棉

17. 150° 銼條
18. 180° 銼條
19. 長鑷子
20. 凝膠筆
21. 六角海綿
22. 紙模

1　以消毒噴劑消毒手部。

4　利用鋼製推刀去除甲面與指緣角質。

2　以 180° 銼條修型。

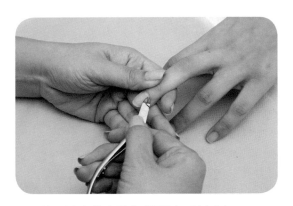

5　利用甘皮剪去除指緣硬皮（甘皮）。

3　塗上指緣軟化劑。

6　使用 150° 磨甲棉磨粗甲面。

7　使用餘粉刷刷去餘粉。

10　塗上防潮劑去除水份與油脂。

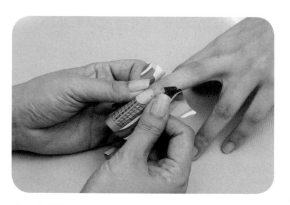

8　合紙模。

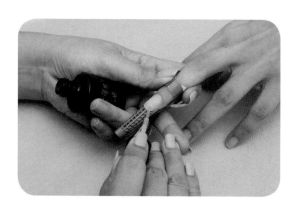

11　塗上固定劑。

9　根據指甲外型判斷是否需要修剪紙模的指尖部分，再將紙模下端黏合。

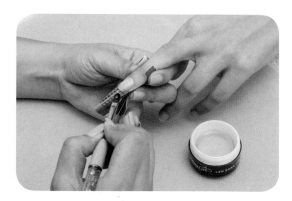

12　於甲床刷上底膠。

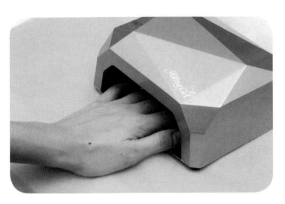

13 照燈 30 秒。

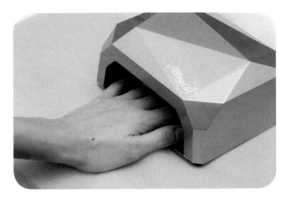

15 照燈 30 秒後再重複一次步驟 14 ～ 15。

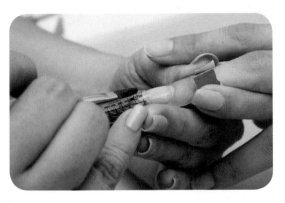

14 以凝膠筆沾取建構膠，延長指甲前端。

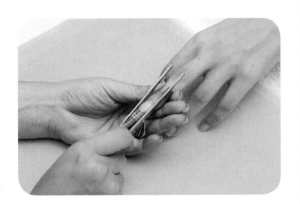

16 使用長鑷子來塑型。

Point

若要加強凝膠美甲的厚度與硬度，可以下列方式調整。

1. 於甲床均勻塗上建構膠後照燈 30 秒。

2. 於指甲前端塗上建構膠後照燈 30 秒。

3. 整個甲面塗上建構膠後照燈 30 秒。

4. 於全長的 1/2 處塗上建構膠調整高度，照燈 30 秒。

17 以六角海綿沾取凝膠去漬液，清除甲面殘膠。

20-1　以 150° 銼條修型：磨出長度。

18 除去紙模。

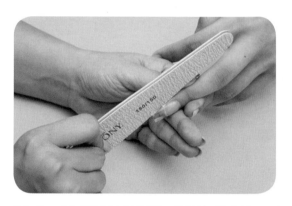

20-2　以 150° 銼條修型：磨出左側直線。

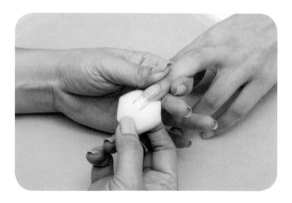

19 以六角海綿沾取凝膠去漬液，清除指甲下緣殘膠。

20-3　以 150° 銼條修型：磨出右側直線。

20-4 以 150° 銼條修型：確認厚度為 1mm 左右，弧度呈現 C 形。

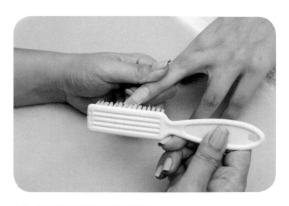

23 使用餘粉刷清除餘粉。

21 以 180° 銼條做更細緻的修型。

24 刷上不可卸上層凝膠。

22 以 180° 磨甲棉將甲面磨細。

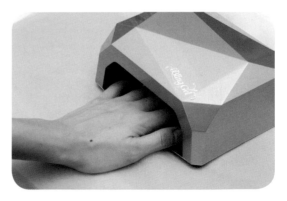

25 照燈 1 分鐘。

26 擦上指緣油。

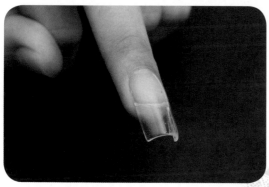

27 透明凝膠延甲完成。

璀璨凝膠延甲

材料
工具

1. 消毒噴劑	8. 平衡劑	15. 凝膠調和棒
2. 凝膠去漬液	9. 指緣油	16. 100°/180° 磨甲棉
3. 建構膠	10. 底膠	17. 150 銼條
4. LED 燈	11. 亮粉	18. 180 銼條
5. 指緣軟化劑	12. 餘粉刷	19. 凝膠筆
6. 不可卸上層凝膠	13. 甘皮剪	20. 六角海綿
7. 無酸接合劑	14. 平口鋼製推刀	21. 紙模

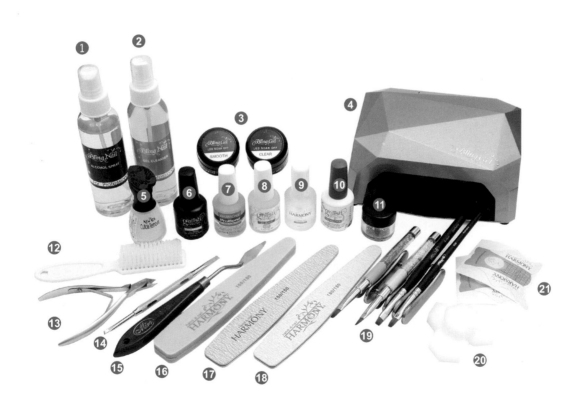

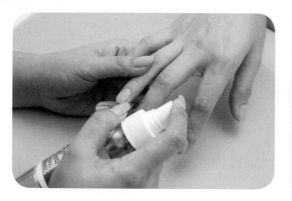

1　以消毒噴劑消毒手部。

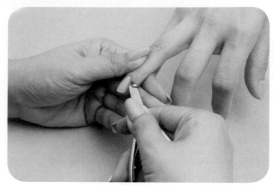

4　利用甘皮剪去除指緣硬皮（甘皮）。

2　以 180° 銼條修型。

5　使用 180° 銼條拋粗甲面。

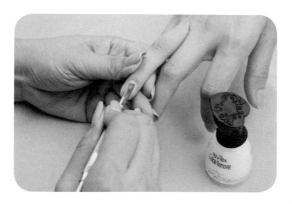

3　塗上指緣軟化劑，利用鋼製推刀去除甲面
　　與指緣角質。

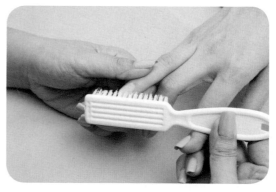

6　使用餘粉刷清除餘粉。

7 合紙模。

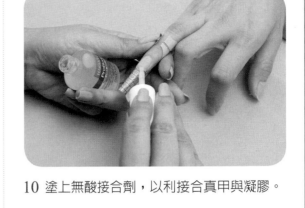

10 塗上無酸接合劑，以利接合真甲與凝膠。

8 根據指甲外型修剪紙模的指尖部分，再將紙模下端黏合。

11 刷上底膠。

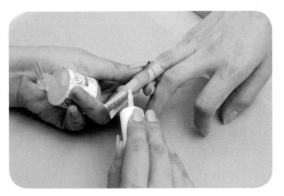

9 塗上平衡劑，去除水份與油脂。

12 照燈 30 秒。

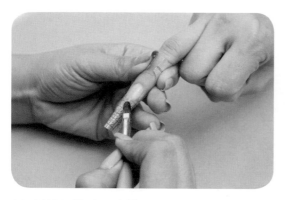

13 以凝膠筆沾取建構膠，延長指甲前端，照燈 30 秒。

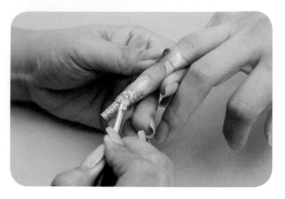

17 將亮粉凝膠塗於微笑線至尖端的部份做彩繪，照燈 30 秒。

14 將整個甲面均勻塗上建構膠，照燈 30 秒。

18 將整個甲面均勻塗上透明凝膠，然後照燈 1 分鐘。

16 將亮粉與透明凝膠以 1：1 的比例混合。

19 以六角海綿沾取凝膠去漬液，清除甲面殘膠後取下紙模。

20 以 150º 銼條修型，並拋粗甲面。

23 以濕紙巾拭淨甲面。

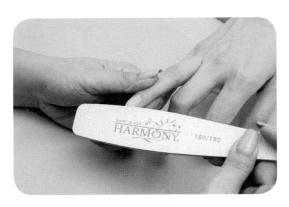

21 使用 180º 銼條修磨甲面。

24 刷上不可卸上層凝膠，照燈 1 分鐘。

22 以 180º 磨甲棉將甲面紋路拋細，使用餘
　　粉刷清除餘粉。

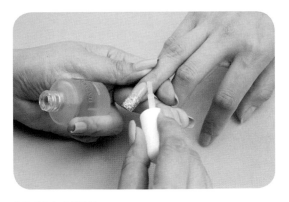

25 擦上指緣油。

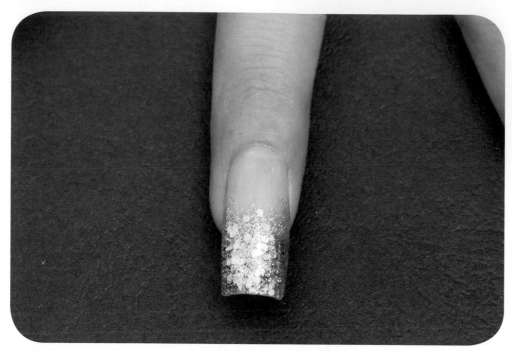

26 璀璨凝膠延甲完成。

尖型凝膠延甲

材料
工具

1. 消毒噴劑
2. 凝膠去漬液
3. 建構膠
4. LED 燈
5. 指緣軟化劑
6. 不可卸上層凝膠
7. 無酸接合劑

8. 平衡劑
9. 指緣油
10. 底膠
11. 亮片凝膠
12. 多色凝膠
13. 餘粉刷
14. 甘皮剪

15. 凝膠調和棒
16. 100º/150º 磨甲棉
17. 150º 銼條
18. 180º 銼條
19. 凝膠筆
20. 六角海綿
21. 紙模

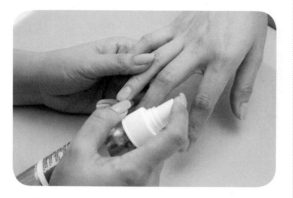

1　以消毒噴劑消毒手部。

4　利用甘皮剪去除指緣硬皮（甘皮）。

2　以 180° 銼條修型。

5　使用 180° 銼條拋粗甲面。

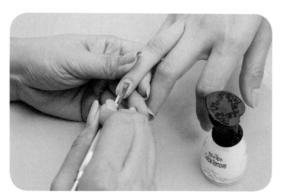

3　塗上指緣軟化劑，利用鋼製推刀去除甲面
　　與指緣角質。

6　使用餘粉刷清除餘粉。

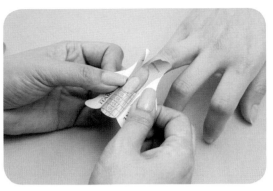

7 合紙模。

10 刷上無酸接合劑以利接合真甲與凝膠。

8 根據指甲外型修剪紙模的指尖部分,再將紙模下端黏合。

11 刷上底膠。

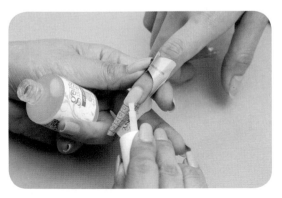

9 塗上平衡劑去除水份與油脂。

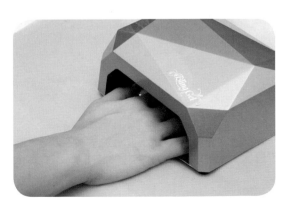

12 照燈 30 秒。

13 以凝膠筆沾取建構膠，延長指甲前端，照燈 30 秒。

16 以 150° 銼條修型（長短與兩側）。

14 將整個甲面均勻塗上建構膠，照燈 30 秒。將顧客手指倒過來，使甲面凝膠呈現順暢弧度後，再照 1 分鐘。

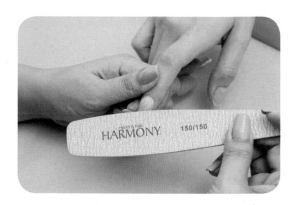

17 以 150° 銼條將甲面拋粗。

15 以六角海綿沾取凝膠去漬液，清除甲面殘膠。

18 以 150° 磨甲棉將甲面紋路拋細，再使用餘粉刷清除餘粉。

19 取濕紙巾將手指與甲面拭淨。

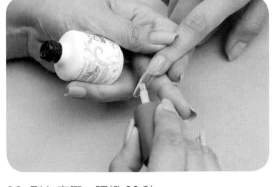

22 刷上底膠，照燈 30 秒。

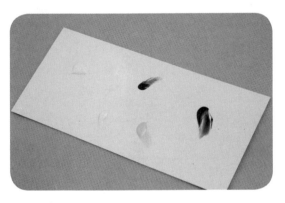

20 調色。

23 使用小斜筆刷沾取調好之淺藍色凝膠，再沾取透明凝膠，均勻塗滿甲面後照燈 30 秒，再重複一次。

21 將純白色凝膠與其他各色凝膠混合，調出不同色彩。

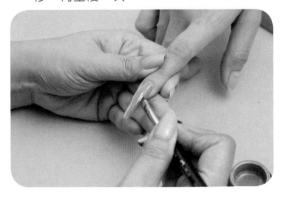

24 使用小斜筆刷沾取調好之淺黃色凝膠。

25 使用小斜筆刷沾取調好之粉紅色凝膠。

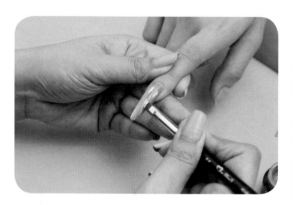

26 使用小斜筆刷沾取白色凝膠,刷子再沾取
透明凝膠,刷開彩色凝膠,使之有暈開效
果後照燈 30 秒。

27 刷上亮片凝膠,照燈 30 秒。

28 筆刷沾取透明凝膠,均勻覆蓋甲面,照燈
30 秒。

29 刷上不可卸上層凝膠,照燈 1 分鐘。

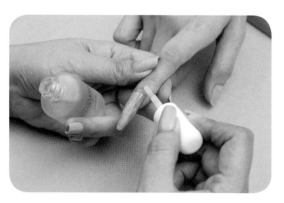

30 刷上指緣油。

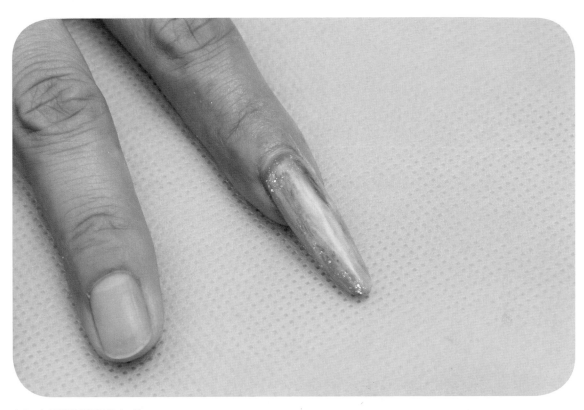

31 尖型凝膠延甲完成。

延甲技巧：

1. 高度為全長 1/2。

2. 厚度相當於信用卡厚度，約 1mm。

3. 真甲長度延長 1/2 較自然，最長則可增加為真甲的 2 倍。

4. 延甲弧度呈現 C 型。

5. 寬度較真甲寬度左右各增加約 1.5mm。

法式凝膠延甲

材料
工具

1. 消毒噴劑
2. 凝膠去漬液
3. 不可卸建構凝膠
4. LED 燈
5. 底膠
6. 不可卸上層凝膠
7. 指緣軟化劑

8. 平衡劑
9. 指緣油
10. 無酸接合劑
11. 餘粉刷
12. 甘皮剪
13. 鋼製推刀
14. 180° 磨甲棉

15. 150 銼條
16. 180 銼條
17. 凝膠筆
18. 紙模
19. 六角海綿

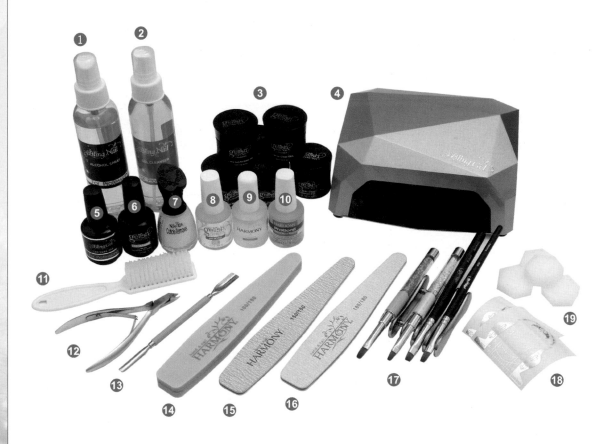

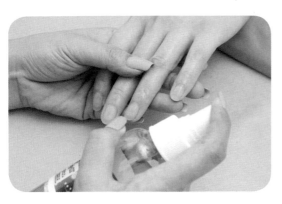

1　以消毒噴劑消毒手部。

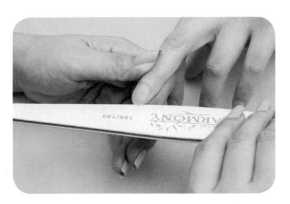

2　以 180° 銼條修型。

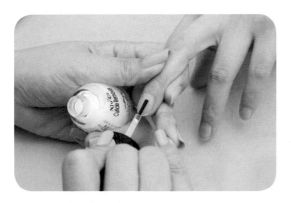

3　塗上指緣軟化劑。

4　利用鋼製推刀去除甲面與指緣角質。

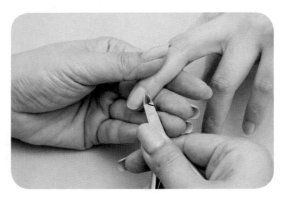

5　利用甘皮剪去除指緣硬皮（甘皮）。

6　使用 180° 銼條拋粗甲面。

7 使用餘粉刷清除餘粉。

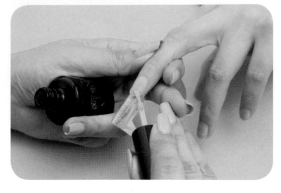

10 刷上底膠。

8 合紙模（使用透明紙模）。

11 照燈 30 秒。

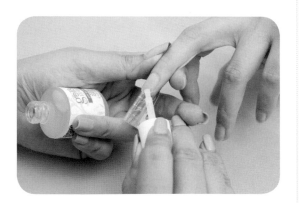

9 塗上平衡劑去除水份與油脂。

12 凝膠筆沾取凝膠（顏色選擇與指肉相近的
顏色），均勻覆蓋整個甲面，做出微笑線，
照燈 30 秒。

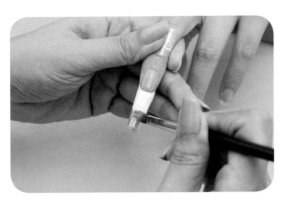

13 沾取白色凝膠，延長甲與真甲比例 1：1，
　照燈 1 分鐘。

15 拆下紙模，以六角海綿沾取凝膠去漬液，
　清除殘膠。

14 沾取建構膠，均於塗滿整個甲面，先橫向
　塗再由甲床往指甲尖直塗，照燈 1 分鐘。

16 甲面與甲片下方都要清。

Point

白色凝膠畫太多的時候，可以凝膠筆沾取凝膠清潔液，把多餘的部份清除。延長甲的長度可以多做一點，因為照燈後塑型時甲片還會收縮，長度多一點比較方便修型。延長甲的厚度則以信用卡的厚度為佳，約 1mm。

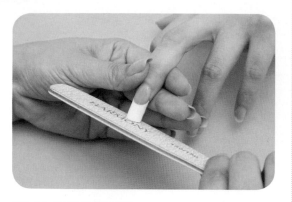

17 以 **150°** 銼條修型。

18 以 **180°** 磨甲棉磨粗甲面，再以濕紙巾拭淨。

19 刷上不可卸上層凝膠，照燈 1 分鐘。

20 刷上指緣油。

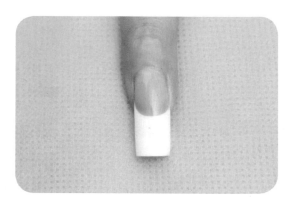

21 法式凝膠延甲完成。

星空夾心凝膠延甲

材料
工具

1. 消毒噴劑
2. 凝膠去漬液
3. 指緣油
4. 平衡劑
5. 底膠
6. 不可卸上層凝膠
7. 指緣軟化劑
8. LED 燈

9. 星空貼紙
10. 紙模
11. 星空膠
12. 黑色凝膠
13. 接合劑
14. 建構膠
15. 黑色凝膠
16. 180° 銼條

17. 150° 銼條
18. 180 磨甲棉
19. 餘粉刷
20. 鋼製推刀
21. 六角海綿
22. 甘皮剪

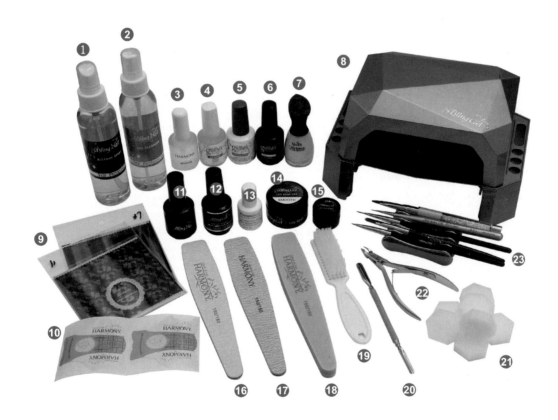

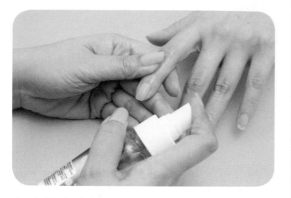

1 以消毒噴劑消毒手部。

2 以 180° 銼條修型。

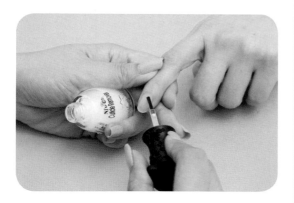

3 刷上軟化劑。

4 利用鋼製推刀去除甲面與指緣的角質,再以濕紙巾拭淨。

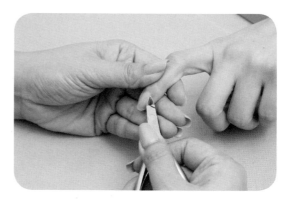

5 以甘皮剪去除指緣甘皮(硬皮)。

6 以 180° 銼條將甲面拋粗。

7 以餘粉刷刷去甲面餘粉。

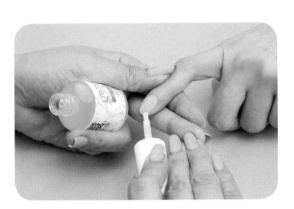

8 刷上平衡劑，去除水份油脂。

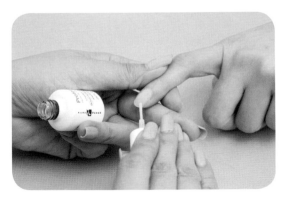

9 刷上接合劑。

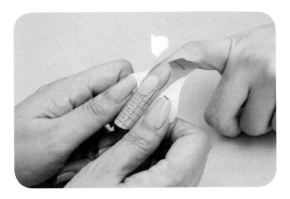

10 合紙模。

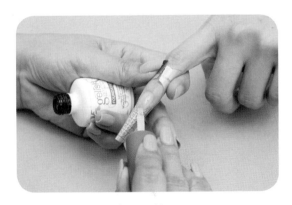

11 刷上底膠，照燈 30 秒。

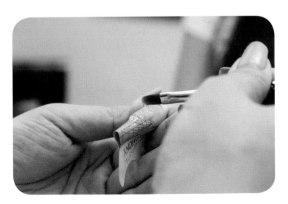

12 將整個甲面塗上建構膠，照燈 30 秒，再
重複一次。

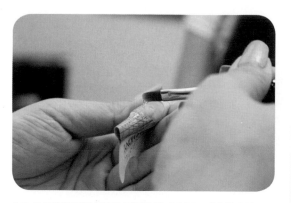

13 以凝膠筆沾取建構膠作延長，然後照燈 1
分鐘。

16 以 150° 銼條修型，並將甲面磨粗。

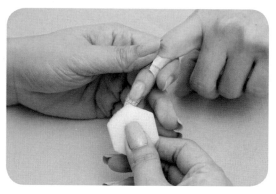

14 以六角海綿沾凝膠去漬液，去除殘膠。

17 以 180° 磨甲棉磨細甲面刻痕。

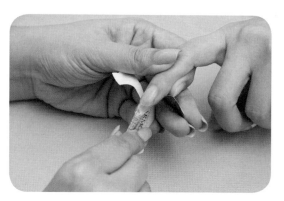

15 拆下紙模。

18 以餘粉刷刷去甲面的餘粉，再用濕紙巾拭
淨甲面。

19 刷上底膠，照燈 30 秒。

22 準備星空貼紙。

20 刷上黑色凝膠，照燈 30 秒後，再刷上一
　　層黑色凝膠，照燈 1 分鐘。

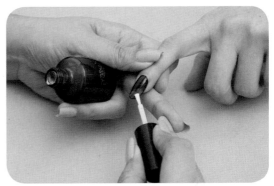

23 於設計將要黏貼星空貼紙的部位，刷上星
　　空膠，等待 1 分鐘使星空膠乾燥。

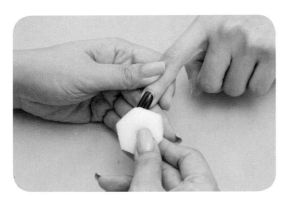

21 以六角海綿沾凝膠去漬液，去除殘膠。

24 貼上星空貼紙。

25 撕下星空貼紙。

28 刷上不可卸上層凝膠，照燈 1 分鐘。

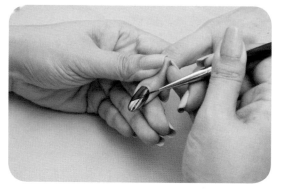

26 以線筆沾取黑色凝膠在交界處畫線，使交接處的線條平順，照燈 30 秒。

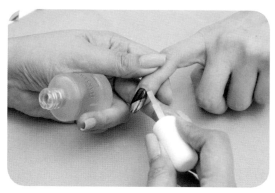

29 擦上指緣油。

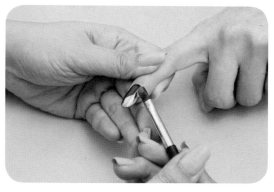

27 沾取透明凝膠，輕刷整個甲面。

30 星空夾心延甲完成。

Chapter **6**
凝膠美甲修整

- 凝膠修補
- 凝膠卸甲

凝膠修補

材料
工具

1. 消毒噴劑
2. 凝膠去漬液
3. 建構膠
4. LED 燈
5. 指緣軟化劑
6. 不可卸上層凝膠

7. 無酸接合劑
8. 平衡劑
9. 指緣油
10. 底膠
11. 餘粉刷
12. 甘皮剪

13. 鋼製推刀
14. 100°/180° 磨甲棉
15. 150° 銼條
16. 180° 銼條
17. 凝膠筆
18. 六角海綿

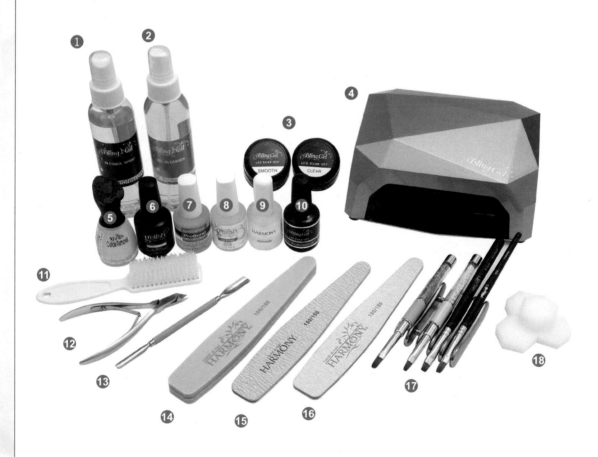

1　修補前。

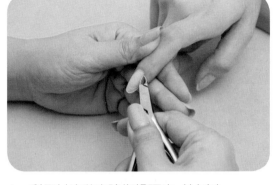

4　利用甘皮剪去除指緣硬皮（甘皮）。

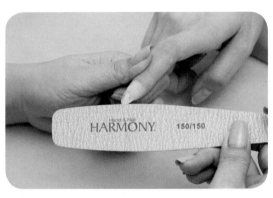

2　以 150° 銼條將甲面顏色磨掉。

5　以 180° 磨甲棉修磨真甲前端。

3　塗上指緣軟化劑。

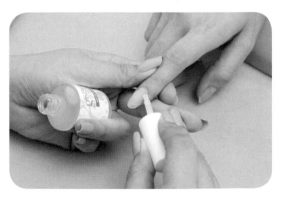

6　刷上平衡劑，去除水份與油脂。

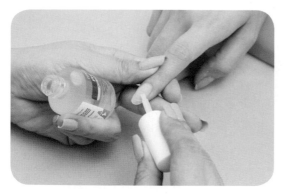

7　刷上無酸接合劑，以利真甲與凝膠接合。

10　以六角海綿沾取凝膠去漬液，清除甲面殘膠。

8　整個甲面刷上底膠，照燈 30 秒。

11　以 150° 銼條修磨甲面，使凝膠接合處的線條平順沒有凸起凹陷。

9　在真甲長出位置刷上建構凝膠填補，照燈 1 分鐘。

12　以 180° 磨甲棉將甲面磨細。

13 刷上不可卸上層凝膠，照燈 1 分鐘。

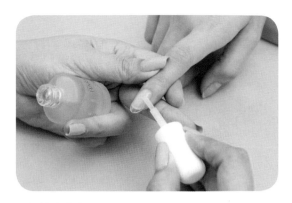

14 擦上指緣油。

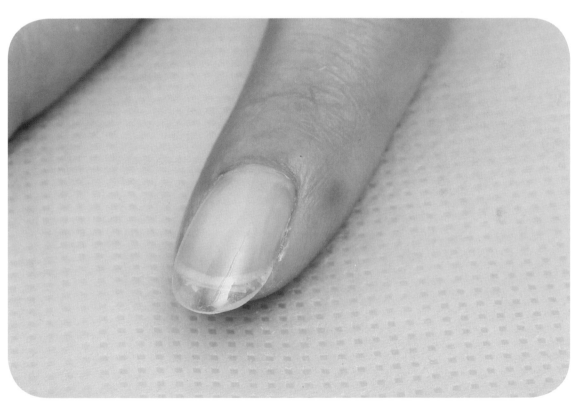

15 美甲修補完成。

凝膠卸甲

材料工具

1. 指緣油
2. 卸甲水
3. 消毒噴劑
4. 餘粉刷
5. 棉片
6. 鋁箔紙
7. 指甲剪
8. 平口鋼製推刀
9. 鋼製推刀
10. 180° 銼條
11. 180° 磨甲棉
12. 150° 銼條
13. 雙面拋光條

1　以消毒噴劑消毒手部。

4　使用餘粉刷清除餘粉。

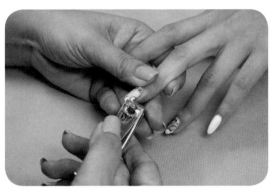

2　以平剪的方式剪短凝膠美甲。

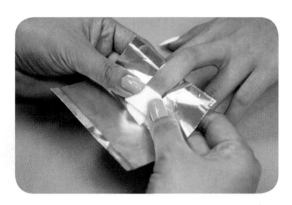

5　以棉片沾取適量之卸甲水，置於指甲表面。

3　使用 150° 銼條將甲面磨粗。

6　包裹鋁箔紙防止卸甲水揮發。

7 停留約 15 分鐘。

10 使用 180° 銼條磨除凝膠。

8 以鋼製推刀清除軟化的凝膠表層。

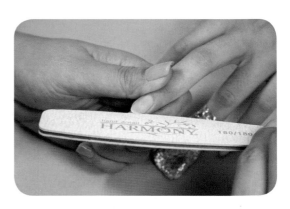

11 使用 180° 銼條修型。

9 以鋼製推刀將凝膠表層完全去除。

12 使用 150° 磨甲棉磨細甲面。

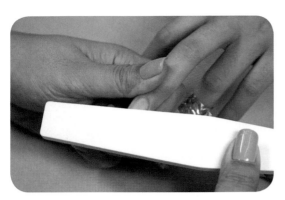

13　使用雙面拋光條拋亮甲面。

14　甲面拋亮後擦上指緣油即完成。

Chapter 7

凝膠美甲變化

🌸 透膚蕾絲

1 刷上底膠，照燈 30 秒。再將黑色凝膠與透明凝膠調成果凍色，刷於甲面，照燈 30 秒。

2 黑色凝膠斜刷於甲片中段，照燈 30 秒。

3 畫出三角蕾絲花紋，點上圓點，照燈 30 秒。

4 以銀色凝膠拉出銀線，再刷上層凝膠後，照燈 1 分鐘。

🌸 亮片貼紙漸層

1 刷上兩層白色色膠，各照燈 30 秒。

2 以六角海綿沾取螢光黃與螢光橘二色，拓印於甲面。重複約二次，照燈 30 秒後清除殘膠。

3 貼上貼紙，刷上亮片凝膠，照燈 30 秒。

4 再刷上層凝膠，照燈 1 分鐘。

孔雀花紋

1　刷上兩層白色色膠，各照燈 30 秒，再刷上上層凝膠，不照燈。

2　以線筆分別沾取色膠拉出藍、綠、紅區塊。

3　在色膠未乾時，以線筆劃出孔雀花紋，照燈 30 秒。

4　以銀色凝膠拉出銀線，照燈 1 分鐘。

 大理石花紋

1　刷上一層粉紅色凝膠。

2　以白色凝膠點上圓點。

3　凝膠未乾時使用扇形刷將圓點刷開，照燈 30 秒。

4　再刷上上層凝膠，照燈 1 分鐘。

🌸 彩色窗花

1 刷上鵝黃色凝膠二層，各照燈 30 秒。

2 以細線筆劃出黑色線條，每次畫上需要交錯的線條前都需照燈 30 秒，以免凝膠暈開。

3 以線筆填入色膠，色膠要畫兩次色彩較飽和，最後照燈 30 秒。

4 填色完成後，以線筆沾取黑色凝膠將黑線再描一遍，照燈 30 秒後再刷上層凝膠，再照燈 1 分鐘。

🌸 法式貼鑽 1

1 刷上兩層白色色膠，各照燈 30 秒。

2 於指甲前端刷上黑色凝膠，照燈 30 秒。

3 以線筆沾取透明凝膠點在甲面上，貼上鑽飾後照燈 30 秒。

4 再刷上層凝膠，照燈 1 分鐘。

🌸 法式貼鑽 2

1　刷上兩層白色色膠，各照燈 30 秒。

2　於指甲前端刷上黑色凝膠，照燈 30 秒。

3　以線筆沾取透明凝膠點在甲面上，貼上鑽飾後照燈 30 秒。

4　再刷上層凝膠，照燈 1 分鐘。

🌸 圓點設計

1　刷上兩層紅色色膠，各照燈 30 秒。

2　以珠筆點上白色凝膠，照燈 30 秒。

3　以珠筆點上白色凝膠，照燈 30 秒。

4　再刷上層凝膠，照燈 1 分鐘。

🌸 七彩壓克力彩繪

1 刷上兩層白色色膠,各照燈30秒。

2 以珠筆分次沾取藍色、橙色、紅色色膠點於甲面,再以斜筆刷沾取透明凝膠,將色膠刷開,呈現漸層效果,照燈1分鐘後清潔甲面殘膠。

3 以黑色壓克力顏料畫五瓣尖花。

4 以白色顏料拉出線條,作圓點設計,局部拉出金色凝膠線條,照燈30秒。最後再刷上層凝膠,照燈1分鐘。

🌸 壓花

1 刷上紅色色膠,照燈30秒,再刷上第二層紅色凝膠,照燈1分鐘後清除甲面殘膠。

2 將透明凝膠與白色水晶粉以1:1的比例,以調刀均勻混合成粉膠,以粉雕筆沾取塗於甲面並壓出花瓣形狀,照燈30秒以固定花型。

3 繼續製作其他花瓣,並拉出線條,每一次均需照燈30秒固定形狀線條。

4 沾取透明凝膠點於花瓣中心,放上電鍍珠作裝飾,再局部刷上金色凝膠,照燈30秒。最後再刷上層凝膠,照燈1分鐘。

寶石雕花

1　刷上寶藍色凝膠，照燈 30 秒，再刷第二層，照燈 1 分鐘後清除甲面殘膠。

2　將白色雕花膠與黑色雕花膠以調刀均勻混合，再以粉雕筆沾取塑成橢圓形，照燈 30 秒。

3　沾取透明凝膠，塗於粉雕上塑型，使呈現寶石弧度與高度，照燈 30 秒。

4　寶石周圍刷上透明凝膠，以珠練環繞裝飾，最後再刷上層凝膠，照燈 1 分鐘。

 亮片夾心

1　刷上亮片凝膠，照燈 30 秒。

2　刷上一層建構膠，以鋼珠筆輔助黏貼金色亮片，照燈 30 秒（局部）。

3　刷上一層建構膠，以鋼珠筆輔助黏貼銀色亮片，照燈 30 秒（全面）。

4　以鋼珠輔助黏貼黑色鋁片，最後再刷上層凝膠，照燈 1 分鐘。

花朵 3D 浮雕

1 刷上黃色、螢光
   綠、深綠色色膠，
   照燈 30 秒。

2 取粉紅色雕花膠，
   於鋁箔紙上利用
   粉雕筆塑出花瓣形
   狀，捲於圓棒上，
   照燈 30 秒固定形
   狀，再小心以鑷子
   取下花瓣以透明凝
   膠黏於甲面。

3 放上所有花瓣後，
   中心放上電鍍珠作
   裝飾。

4 刷上亮片凝膠裝
   飾，再刷上上層凝
   膠，照燈 1 分鐘。

Chapter 8

作品欣賞

- 花朵圖形
- 法式設計
- 線條與圓點設計
- 彩繪與蕾絲設計
- 漸層設計
- 3D 立體
- 其他設計

花朵圖形

法式設計

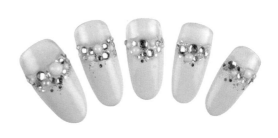

線條與圓點設計

彩繪與蕾絲設計

漸層設計

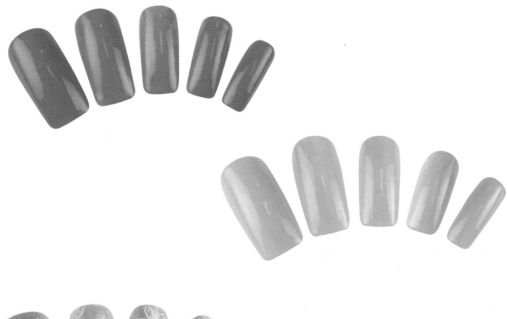

 3D 立體

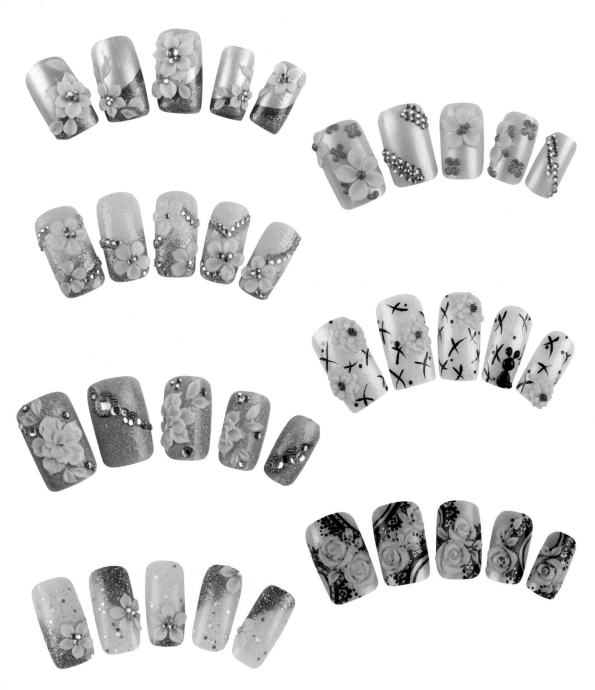

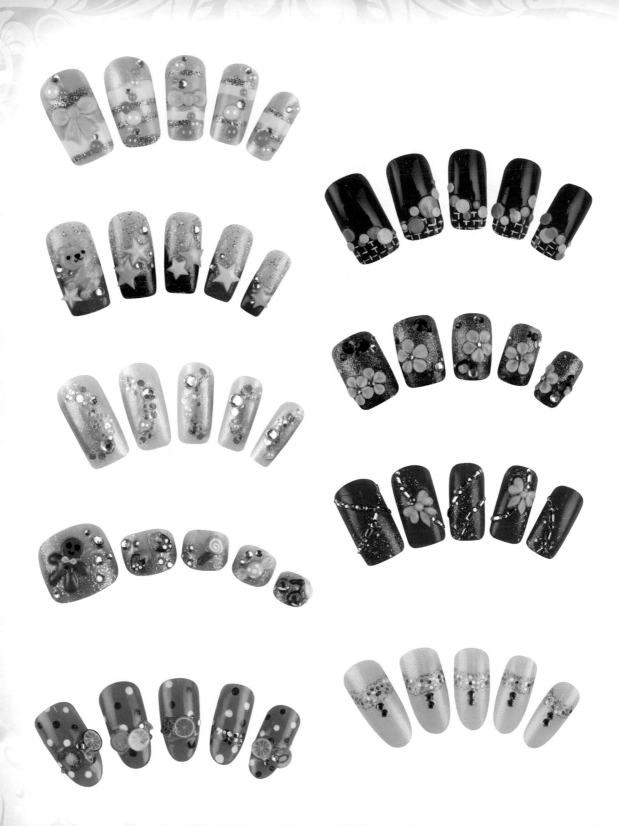

其他設計

國家圖書館出版品預行編目（CIP）資料

專業凝膠美甲設計 / 陳美均、許妙琪著 . - - 初
版 . - - 新北市：全華圖書, 2015.02
　　面；公分
　　ISBN 978-957-21-9760-8（平裝）
　　1.指甲 2.美容
425.6　　　　　　　　　　　　104001790

專業凝膠美甲設計
Professional Gel Nail Design

作　　者 / 陳美均、許妙琪

發 行 人 / 陳本源

執行編輯 / 盧彥螢、楊美倫

出 版 者 / 全華圖書股份有限公司

郵政帳號 / 0100836-1號

印 刷 者 / 宏懋打字印刷股份有限公司

圖書編號 / 08193

初版三刷 / 2019年4月

定　　價 / 370 元

Ｉ Ｓ Ｂ Ｎ / 978-957-21- 9760-8

全華圖書 / www.chwa.com.tw

全華網路書店 Open Tech / www.opentech.com.tw

若您對書籍內容、排版印刷有任何問題，歡迎來信指導book@chwa.com.tw

臺北總公司（北區營業處）
地址：23671 新北市土城區忠義路21號
電話：(02) 2262-5666
傳真：(02) 6637-3695、6637-3696

南區營業處
地址：80769高雄市三民區應安街12號
電話：(07) 381-1377
傳真：(07) 862-5562

中區營業處
地址：40256 臺中市南區樹義一巷26號
電話：(04) 2261-8485
傳真：(04) 3600-9806

23671 新北市土城區忠義路 21 號

全華圖書股份有限公司

行銷企劃部 收

廣告回信
板橋郵局登記證
板橋廣字第540號

歡迎加入 全華會員

● 會員獨享

會員享購書折扣、生日禮金、紅利積點、不定期優惠活動…等。

● 如何加入會員

填妥讀者回函卡直接傳真 (02) 2262-0900 或寄回,將由專人協助登入會員資料,待收到
E-MAIL 通知後即可成為會員。

如何購買 全華書籍

1. 網路購書

全華網路書店「http://www.opentech.com.tw」,加入會員購書更便利,並享有紅利積點
回饋等各式優惠。

2. 全華門市、全省書局

歡迎至全華門市(新北市土城區忠義路 21 號)或全省各大書局、連鎖書店選購。

3. 來電訂購

(1) 訂購專線:(02) 2262-5666 轉 321-324

(2) 傳真專線:(02) 6637-3696

(3) 郵局劃撥(帳號:0100836-1 戶名:全華圖書股份有限公司)

※ 購書未滿一千元者,酌收運費 70 元。

OpenTech 全華網路書店 .com.tw

全華網路書店 www.opentech.com.tw
E-mail: service@chwa.com.tw

※ 本會員制如有變更則以最新修訂制度為準,造成不便請見諒。